Guida alla Coltivazione delle Piante Grasse

Impara cosa fare per coltivare bene splendite Piante Grasse

A. Duller

Lisa Shardon

Copyright © 2024

Guida alla Coltivazione di Piante Grasse

Introduzione

Cosa sono le piante grasse?

Le piante grasse, conosciute anche come piante succulente, sono una categoria di piante caratterizzate dalla capacità di immagazzinare acqua nei loro tessuti. Questa particolarità le rende estremamente resistenti a condizioni ambientali difficili, come la siccità e i terreni aridi. Le piante grasse presentano spesso fusti, foglie o radici carnosi e spessi, in cui accumulano riserve idriche per sopravvivere in periodi di scarsità.

L'adattamento principale delle piante grasse è la **succulenza**, ovvero la capacità di trattenere acqua nei tessuti cellulari per lunghi periodi. Per minimizzare la perdita di acqua, molte di queste piante hanno superfici cerose o foglie trasformate in spine, come nel caso dei cactus. Alcune specie sono anche dotate di uno speciale metabolismo chiamato **CAM (Crassulacean Acid Metabolism)**, che permette loro di assorbire anidride carbonica durante la notte, riducendo la traspirazione e quindi la perdita di umidità durante il giorno.

Le piante grasse appartengono a diverse famiglie botaniche, come le **Cactaceae**, le **Crassulaceae** e le **Euphorbiaceae**, ma condividono adattamenti simili grazie a un processo evolutivo noto come **convergenza evolutiva**, che ha portato piante di diversa origine geografica a sviluppare caratteristiche comuni per sopravvivere in ambienti simili.

Storia e diffusione delle piante grasse

Le piante grasse hanno una lunga storia evolutiva che risale a milioni di anni fa, quando si adattarono ai climi aridi di regioni desertiche e semidesertiche. Le aree di origine delle piante succulente includono le regioni desertiche delle Americhe, come il **Deserto di Atacama** in Cile e i deserti del sud-ovest degli Stati Uniti, ma anche alcune zone dell'Africa, come il **Karoo** in Sudafrica e il deserto del Sahara.

Nel mondo antico, le popolazioni locali utilizzavano piante grasse non solo come decorazioni ma anche come risorsa medicinale e alimentare. Un esempio famoso è l'**Aloe vera**, utilizzata da millenni per le sue proprietà curative e cosmetiche, documentate fin dagli antichi Egizi. I popoli mesoamericani, come gli Aztechi, coltivavano il **nopal** (Opuntia) per scopi alimentari e rituali, oltre a sfruttarne le proprietà terapeutiche.

Durante le **esplorazioni europee** dei secoli XVI e XVII, molte specie di cactus e altre piante succulente furono raccolte e portate in Europa, dove divennero rapidamente popolari tra i botanici e i collezionisti. Nel XVIII e XIX secolo, le serre e i giardini botanici iniziarono a coltivare piante provenienti dai deserti africani e americani. L'interesse per queste piante è rimasto vivo fino ai giorni nostri, tanto che oggi le piante grasse sono tra le più amate per la loro resistenza, facilità di cura e bellezza esotica.

La diffusione delle piante grasse è stata favorita anche dalla crescente consapevolezza ambientale: la loro capacità di sopravvivere con poca acqua le rende perfette per i **giardini a basso consumo idrico**. Nei climi aridi e temperati, come quelli del Mediterraneo, l'uso di piante succulente in giardini e spazi pubblici ha contribuito a ridurre il consumo di acqua e a promuovere pratiche di giardinaggio sostenibile.

Benefici delle piante grasse

Le piante grasse non offrono solo vantaggi estetici, ma presentano anche una serie di benefici ecologici e pratici:

1. **Facilità di manutenzione**: Le piante grasse sono ideali per chi non ha tempo o

esperienza nella cura delle piante. Richiedono poche annaffiature e si adattano bene a vari ambienti, sia interni che esterni.

2. **Miglioramento della qualità dell'aria**: Come molte altre piante, le succulente assorbono anidride carbonica e rilasciano ossigeno, contribuendo a purificare l'aria all'interno degli spazi abitativi e lavorativi. Alcune, come l'Aloe vera e il Crassula ovata, sono particolarmente efficienti nell'assorbire sostanze inquinanti presenti nell'aria.

3. **Effetto terapeutico**: Coltivare e curare piante grasse può avere effetti benefici sulla salute mentale, riducendo lo stress e migliorando il benessere psicologico. La presenza di verde negli ambienti domestici è associata a un aumento della produttività e a una riduzione dell'ansia.

4. **Proprietà medicinali**: Alcune piante grasse hanno proprietà curative. L'**Aloe vera** è ampiamente utilizzata per trattare

scottature e irritazioni della pelle, mentre il succo di Opuntia viene impiegato nella medicina tradizionale per il trattamento di disturbi digestivi e come antinfiammatorio.

5. **Sostenibilità**: Le piante grasse sono particolarmente adatte a un giardinaggio sostenibile, in quanto richiedono pochissima acqua. In alcune regioni soggette a siccità, l'uso di piante succulente nei giardini ha ridotto significativamente il consumo idrico.

Capitolo 1: Tipologie di piante grasse

Cactus

I cactus, appartenenti alla famiglia delle **Cactaceae**, sono tra le piante grasse più conosciute e iconiche. Si trovano principalmente nelle Americhe, dove si sono adattati a condizioni di estrema aridità. I cactus si distinguono per i loro fusti spinosi e la capacità di immagazzinare acqua nei tessuti interni. La loro struttura permette di ridurre al minimo la traspirazione e di proteggere la pianta dai predatori grazie alle spine.

Alcuni esempi di cactus famosi includono:

- **Saguaro (Carnegiea gigantea)**: Un cactus colonnare tipico del deserto dell'Arizona.

- **Opuntia**: Conosciuto come fico d'India, è apprezzato anche per i suoi frutti commestibili.

- **Echinocactus grusonii**: Conosciuto

come "cuscino della suocera", è famoso per la sua forma sferica e le spine dorate.

Succulente

Il termine "succulente" si riferisce a una vasta gamma di piante che immagazzinano acqua in diverse parti del corpo, come foglie, fusti e radici. Le succulente comprendono piante appartenenti a famiglie diverse, come le **Crassulaceae** e le **Aizoaceae**. Molte di queste piante hanno forme e colori particolarmente decorativi, rendendole ideali per la coltivazione in vaso.

Esempi comuni di succulente includono:

- **Aloe vera**: Usata per scopi cosmetici e terapeutici.

- **Sedum**: Con le sue piccole foglie carnose, è perfetto per giardini rocciosi.

- **Crassula ovata**: Conosciuta come

"albero di giada", è considerata una pianta portafortuna.

Terrari e giardini verticali

Le piante grasse sono perfette per la realizzazione di **terrari** e **giardini verticali**. I terrari sono piccoli ecosistemi chiusi o aperti che permettono di coltivare diverse specie di succulente in spazi ridotti. Questi mini-giardini possono decorare interni domestici o uffici e richiedono poche cure.

I giardini verticali, invece, sono installazioni creative che sfruttano le pareti per ospitare piante. Le succulente sono ideali per questo tipo di strutture, poiché hanno radici poco profonde e necessitano di poca acqua. Questa soluzione è perfetta per decorare spazi urbani o piccoli appartamenti, con un tocco di verde che migliora l'estetica e la qualità dell'aria.

Piante grasse insolite

Esistono anche piante grasse meno comuni che suscitano curiosità per le loro forme insolite e caratteristiche uniche:

- **Lithops**: Chiamate anche "pietre viventi", queste piante assomigliano a piccoli sassi per mimetizzarsi nel terreno e sfuggire ai predatori.

- **Euphorbia obesa**: Ha una forma tondeggiante e priva di spine, simile a una sfera perfetta.

- **Stapelia gigantea**: Produce fiori giganti che emanano un odore sgradevole simile a carne in decomposizione per attirare gli insetti impollinatori.

In sintesi, le piante grasse rappresentano un mondo affascinante e variegato. Con le loro forme spettacolari e la capacità di adattarsi a condizioni estreme, offrono una combinazione unica di bellezza, praticità e sostenibilità, rendendole ideali per decorare e arricchire sia spazi interni che esterni.

Capitolo 2: Fondamenti di coltivazione delle piante grasse

Le piante grasse, grazie alle loro caratteristiche di resistenza e capacità di adattamento, sono particolarmente adatte a essere coltivate sia all'aperto che in ambienti interni. Tuttavia, per ottenere i migliori risultati e far sì che queste piante prosperino, è importante comprendere e seguire alcuni **principi fondamentali di coltivazione**. In questo capitolo, esamineremo i principali aspetti della cura e della gestione delle piante grasse: **terreno e contenitori**, **esposizione alla luce**, **irrigazione e umidità**, e **temperature e condizioni ambientali**.

Terreno e contenitori

Il terreno ideale per le piante grasse

Le piante grasse hanno bisogno di un

substrato ben drenato per evitare l'accumulo di acqua nelle radici, che potrebbe portare al marciume radicale. A differenza di altre piante, che preferiscono terreni ricchi e umidi, le succulente e i cactus richiedono **terreni leggeri, sabbiosi e poveri di materia organica**. Un buon terreno per piante grasse dovrebbe garantire una rapida dispersione dell'acqua, evitando ristagni pericolosi.

- **Composizione ideale**:

  Un mix ottimale può essere costituito da:

  - 40% di **terra da giardino** leggera;

  - 30% di **sabbia grossolana** (per migliorare il drenaggio);

  - 20% di **pietrisco o perlite** (per favorire la circolazione dell'aria);

  - 10% di **humus o compost** (in quantità limitata per fornire nutrienti).

È possibile trovare nei negozi specializzati **substrati già pronti per piante succulente e cactus**, ma è anche comune che i coltivatori esperti personalizzino il terreno in base alle esigenze specifiche della pianta. Ad esempio, specie di cactus che vivono in deserti sabbiosi preferiscono terreni più aridi rispetto a succulente come le **Haworthia**, che tollerano un po' più di umidità.

Contenitori adatti per piante grasse

Anche la scelta del contenitore è cruciale per la crescita delle piante grasse. Questi devono garantire un buon drenaggio dell'acqua in eccesso, poiché i ristagni idrici sono tra le principali cause di deperimento delle piante.

- **Fori di drenaggio**: Il vaso deve avere uno o più fori sul fondo per evitare ristagni.

- **Materiale dei contenitori**:

  - **Vasi in terracotta**: Traspiranti e porosi, ideali per le piante che necessitano di un'asciugatura rapida del substrato.

  - **Vasi in plastica**: Mantengono l'umidità più a lungo, ma possono essere problematici in ambienti molto umidi.

- **Contenitori in ceramica smaltata**: Eleganti, ma meno traspiranti, quindi è necessario fare attenzione a non eccedere con l'acqua.

La **dimensione del contenitore** è altrettanto importante. Un vaso troppo grande può trattenere umidità in eccesso, mentre un contenitore troppo piccolo può limitare lo sviluppo delle radici. Un consiglio pratico è scegliere un vaso leggermente più grande rispetto al diametro della pianta, in modo da offrire spazio sufficiente alle radici senza esporre il terreno a ristagni inutili.

Esposizione alla luce

Le piante grasse, per lo più originarie di **ambienti aridi e soleggiati**, necessitano di una buona quantità di luce per crescere in modo sano. Tuttavia, l'intensità e la durata dell'esposizione possono variare a seconda della specie.

- **Piante grasse da pieno sole**: Alcuni cactus, come il **Saguaro** e l'**Echinocactus**, necessitano di molte ore di esposizione diretta al sole (6-8 ore al giorno). In condizioni di scarsa illuminazione, queste piante possono rallentare la crescita o sviluppare forme allungate, un fenomeno noto come **etiolazione**.

- **Piante che preferiscono luce indiretta o filtrata**: Alcune succulente, come le **Haworthia** e le **Sansevieria**, preferiscono luce intensa ma indiretta. Se esposte a un sole troppo forte, le loro foglie possono bruciarsi, causando macchie marroni sulla superficie.

Gestione della luce in ambienti interni

In appartamento, le finestre esposte a **sud** o **ovest** offrono la luce più intensa e sono quindi ideali per la coltivazione di piante grasse. Tuttavia, se la luce naturale non è sufficiente, si possono usare **lampade da coltivazione LED**. Queste lampade forniscono lo spettro luminoso necessario per la fotosintesi e possono essere regolate per garantire una luce ottimale per la crescita.

Irrigazione e umidità

L'irrigazione è uno degli aspetti più delicati nella coltivazione delle piante grasse. Queste piante sono progettate per sopravvivere a lunghi periodi di siccità e non tollerano bene l'eccesso d'acqua.

Quando e come annaffiare

La frequenza delle irrigazioni dipende dalla stagione, dalla specie della pianta e dall'ambiente in cui si trova:

- **In estate**, le piante grasse sono in fase di crescita attiva e possono richiedere annaffiature più frequenti, una o due volte a settimana.

- **In inverno**, molte succulente entrano in

fase di riposo e devono essere annaffiate raramente, spesso una volta al mese o anche meno.

Una **regola generale** è annaffiare solo quando il terreno è completamente asciutto. Per verificare, si può infilare un dito nel terreno fino a circa 3-4 cm di profondità: se il substrato è asciutto, è il momento di irrigare.

Umidità ambientale

Le piante grasse preferiscono ambienti con **bassa umidità**. In ambienti troppo umidi, come bagni o serre non ventilate, possono svilupparsi marciumi o muffe. Se si coltivano piante grasse in interni con un livello elevato di umidità, è consigliabile migliorare la **circolazione dell'aria** per ridurre i rischi di malattie.

Temperature e condizioni ambientali

Le piante grasse sono adattate a sopravvivere in condizioni climatiche estreme, ma le esigenze specifiche possono variare tra le diverse specie.

Temperature ottimali

- La maggior parte delle piante grasse prospera a **temperature comprese tra 18°C e 30°C**.

- Durante l'inverno, alcune succulente possono tollerare temperature più basse, ma molte specie tropicali o subtropicali (come l'Aloe vera) devono essere tenute al di sopra dei **10°C** per evitare danni.

Per i cactus che provengono da deserti caldi, come i **Ferocactus**, una buona esposizione al sole è essenziale anche in inverno. Al contrario, piante come le **Haworthia**, originarie di regioni più temperate, preferiscono temperature più fresche e ombreggiature durante l'estate.

Sbalzi di temperatura e ventilazione

Un aspetto importante nella cura delle piante

grasse è evitare **sbalzi termici improvvisi**, soprattutto se le piante sono coltivate in vaso. Durante l'inverno, è consigliabile non posizionare le piante vicino a fonti di calore, come termosifoni, né esporle a correnti fredde provenienti da finestre aperte.

La coltivazione delle piante grasse richiede una conoscenza accurata delle loro necessità di luce, acqua, temperatura e substrato. Grazie alla loro capacità di adattamento, queste piante possono prosperare sia in ambienti interni che esterni, purché vengano seguite alcune **linee guida fondamentali**. Con il giusto equilibrio tra irrigazione, luce e cura del terreno, le piante grasse possono offrire grande soddisfazione al coltivatore, decorando gli spazi con forme esotiche e colori unici.

Capitolo 3: Nutrizione delle piante grasse

Le piante grasse, come tutte le altre piante, richiedono una corretta alimentazione per crescere sane e rigogliose. Sebbene siano note per la loro **capacità di sopravvivere in ambienti poveri di nutrienti**, ciò non significa che possano fare a meno di elementi nutritivi. Al contrario, una gestione equilibrata della nutrizione può migliorare la crescita, la fioritura e la salute generale delle piante succulente e dei cactus. In questo capitolo esploreremo come utilizzare **concimi e fertilizzanti** adatti, quali sono i **nutrienti essenziali**, e infine alcuni **trucchi pratici per garantire una crescita sana e vigorosa**.

Concimi e fertilizzanti

**Quando e perché usare i fertilizzanti?
Anche se le piante grasse hanno un metabolismo lento e possono sopravvivere senza frequenti somministrazioni di fertilizzanti, **una nutrizione mirata può fare

una grande differenza**. Utilizzare concimi adatti stimola la crescita delle radici, migliora la fioritura e aumenta la resistenza a stress ambientali come siccità o temperature estreme. Tuttavia, è essenziale **non eccedere** con i fertilizzanti, poiché un eccesso può provocare danni, tra cui la bruciatura delle radici o la crescita eccessivamente rapida dei tessuti, rendendo la pianta meno resistente.

Tipi di fertilizzanti adatti alle piante grasse

I fertilizzanti si distinguono per la **composizione** e per la modalità di rilascio dei nutrienti. I prodotti migliori per le piante grasse sono quelli **a basso contenuto di azoto** e con una **formulazione bilanciata di fosforo e potassio**.

- **Fertilizzanti liquidi**: Ideali per la coltivazione domestica, poiché vengono facilmente assorbiti dal terreno. Possono essere aggiunti all'acqua di irrigazione e somministrati una volta al mese durante la stagione di crescita.

- **Concimi granulari a lento rilascio**: Si mescolano direttamente nel substrato e rilasciano i nutrienti gradualmente per diverse settimane o mesi. Sono pratici per le piante coltivate all'esterno.

- **Concimi organici**: Compost o fertilizzanti a base naturale (come il guano o la farina di ossa) migliorano la struttura del terreno e forniscono nutrienti a lungo termine, sebbene rilascino i nutrienti più lentamente rispetto a quelli chimici.

Le dosi ideali di fertilizzante

È importante scegliere fertilizzanti con **una concentrazione ridotta** per evitare di sovraccaricare la pianta. La formula ideale per le piante grasse ha un rapporto **NPK (Azoto, Fosforo, Potassio) di 2-7-7 o 3-6-6**. L'azoto è necessario in minime quantità per evitare una crescita eccessiva e disordinata, mentre fosforo e potassio favoriscono rispettivamente la formazione di radici e la fioritura. Durante la stagione di crescita (primavera e estate), si consiglia di fertilizzare ogni **3-4 settimane**. In autunno e in inverno, quando le piante entrano in **fase di riposo**, è meglio sospendere del tutto la somministrazione.

Nutrienti essenziali

Le piante grasse hanno bisogno di un insieme equilibrato di **macro e micronutrienti** per svolgere le loro funzioni vitali. Vediamo quali sono i principali nutrienti e la loro funzione.

Macronutrienti primari

1. **Azoto (N)**: Favorisce la crescita dei tessuti vegetativi, come foglie e fusti. Tuttavia, nelle piante grasse deve essere somministrato con moderazione, poiché un eccesso potrebbe portare a una crescita eccessiva e debole.

2. **Fosforo (P)**: Fondamentale per lo sviluppo delle radici e per la fioritura. Un buon apporto di fosforo migliora anche la

resistenza della pianta a malattie e stress.

3. **Potassio (K)**: Essenziale per la regolazione dell'equilibrio idrico e per la fotosintesi. Il potassio rafforza la resistenza delle piante agli sbalzi di temperatura e alla siccità, migliorando la qualità complessiva dei tessuti.

Macronutrienti secondari

- **Calcio (Ca)**: Importante per lo sviluppo delle pareti cellulari e la salute delle radici. Una carenza di calcio può indebolire la pianta e rendere i tessuti più suscettibili alle malattie.

- **Magnesio (Mg)**: Componente essenziale della clorofilla, indispensabile per la fotosintesi.

- **Zolfo (S)**: Aiuta nella produzione di proteine e nella sintesi di alcuni composti utili per la resistenza della pianta agli attacchi fungini.

Micronutrienti

I micronutrienti sono richiesti in quantità

molto piccole ma sono comunque fondamentali per il metabolismo della pianta:

- **Ferro (Fe)**: Essenziale per la sintesi della clorofilla e per la respirazione cellulare.

- **Zinco (Zn)**: Aiuta la produzione di ormoni vegetali e la regolazione della crescita.

- **Manganese (Mn)**: Favorisce la fotosintesi e la protezione contro lo stress ossidativo.

- **Rame (Cu)** e **Boro (B)**: Svolgono ruoli chiave nella crescita e nella divisione cellulare.

Trucchi per una crescita sana

Oltre alla corretta nutrizione, esistono alcuni **trucchi pratici** che possono garantire alle piante grasse una crescita ottimale.

1. Ridurre il fertilizzante durante l'inverno

Durante i mesi freddi, molte piante grasse entrano in una **fase di riposo vegetativo** e smettono di crescere attivamente. Fertilizzare in questo periodo può essere controproducente, poiché la pianta non è in grado di utilizzare correttamente i nutrienti. È meglio sospendere la concimazione e riprenderla in primavera.

2. Monitorare la crescita per prevenire carenze

Una crescita lenta e contenuta è normale per la maggior parte delle piante grasse. Tuttavia, sintomi come **foglie scolorite**, **assenza di fioritura**, o **marciume radicale** possono essere segni di una carenza nutrizionale o di un eccesso di fertilizzante. Imparare a leggere questi segnali è essenziale per intervenire tempestivamente.

3. Utilizzare tè di compost o fertilizzanti naturali

Un modo ecologico per nutrire le piante è utilizzare **infusi di compost** o tè di lombrico. Questi fertilizzanti organici apportano nutrienti in modo naturale, migliorando anche la qualità del suolo.

4. Ruotare le piante per un'esposizione uniforme alla luce

Se le piante grasse sono coltivate in interni, è utile **ruotarle regolarmente** per garantire un'esposizione uniforme alla luce. Ciò evita che crescano disordinate o che si inclinino verso una direzione.

5. Abbinare il fertilizzante al tipo di pianta

Ogni specie di pianta grassa ha esigenze leggermente diverse. Ad esempio:

- Le **Aloe** traggono beneficio da fertilizzanti ricchi di potassio.

- I **cactus** preferiscono concimi con poco azoto.

- Le **Echeveria** possono essere fertilizzate

più spesso per favorire la produzione di rosette compatte.

6. Effettuare rinvasi regolari per mantenere un buon apporto nutritivo

Anche con una buona nutrizione, il **substrato esaurisce nel tempo i suoi nutrienti**. È consigliabile rinvasare le piante grasse ogni **2-3 anni**, utilizzando nuovo terriccio fresco. Questo non solo garantisce l'apporto di nuovi nutrienti, ma permette anche di controllare lo stato delle radici ed evitare marciumi.

7. Non esagerare con la nutrizione

Infine, è importante ricordare che le piante grasse sono abituate a sopravvivere in ambienti poveri di nutrienti. **Un eccesso di fertilizzanti può essere dannoso**, causando un rapido accumulo di sali nel terreno e rendendo la pianta più vulnerabile alle malattie.

La nutrizione delle piante grasse richiede un approccio equilibrato e mirato. Sebbene siano abituate a crescere in ambienti aridi e poveri di nutrienti, una corretta gestione dell'alimentazione può fare la differenza nella salute e nell'estetica della pianta. Scegliendo i fertilizzanti giusti, comprendendo le esigenze specifiche di macro e micronutrienti e adottando alcuni trucchi pratici, è possibile garantire una crescita sana e

una lunga vita alle proprie piante grasse. Con il giusto equilibrio tra fertilizzazione e cura generale, queste piante possono offrire una grande soddisfazione e contribuire a decorare ogni tipo di ambiente.

Capitolo 4: Riproduzione delle piante grasse

La **riproduzione delle piante grasse** è un'attività molto appagante per chi ama il giardinaggio e desidera moltiplicare le proprie piante. Grazie alla loro straordinaria capacità di rigenerazione, molte succulente possono essere propagate con facilità, utilizzando metodi semplici come la **talea**, la **propagazione da seme** e la **divisione**. In questo capitolo, analizzeremo in dettaglio le principali tecniche di riproduzione, con suggerimenti pratici per ottenere piante sane e robuste.

Propagazione per talea

La **propagazione per talea** è uno dei metodi più semplici e diffusi per moltiplicare le piante grasse. Questo metodo consiste nel tagliare una parte della pianta madre (come una foglia, un fusto o una sezione del ramo) e farla radicare in un nuovo substrato. Molte specie di succulente e cactus hanno sviluppato la capacità di rigenerarsi rapidamente da talee, grazie alla presenza di tessuti che producono facilmente nuove radici.

Tipologie di talee

1. **Talee di foglia**: Ideale per succulente come **Echeveria**, **Crassula** e **Sedum**.

   - Si rimuove una foglia sana e matura dalla pianta madre, facendo attenzione a staccarla senza danneggiare la base.

   - La foglia viene lasciata asciugare per 1-2 giorni in un luogo asciutto e ombreggiato per consentire la cicatrizzazione della ferita (una fase nota come callo).

   - Successivamente, la foglia può essere appoggiata su un substrato ben drenante e inumidito leggermente. In poche settimane, dalla base della foglia emergeranno piccole radici e, in alcuni casi, una nuova rosetta di foglie.

2. **Talee di fusto o ramo**: Adatta per piante come **Sansevieria** o **Aloe vera**.

- Si taglia una porzione di fusto o ramo, lunga almeno 5-10 cm, utilizzando una lama pulita e affilata per evitare infezioni.

- Come per le talee di foglia, è necessario lasciar asciugare la porzione tagliata per qualche giorno prima di metterla nel terreno.

- Dopo aver piantato la talea in un terriccio leggermente umido, occorre attendere che le radici si sviluppino, solitamente entro 2-4 settimane.

3. **Talee di cactus**: Molti cactus, come il **Cereus** o l'**Opuntia**, si propagano facilmente tramite sezioni di fusto.

- Dopo aver tagliato un segmento del fusto, si deve lasciarlo asciugare per alcuni giorni (fino a una settimana) per permettere alla ferita di chiudersi.

- Una volta piantato, il segmento inizierà a radicare se mantenuto in un luogo luminoso e a temperatura mite.

Suggerimenti per il successo

- Utilizzare attrezzi sterilizzati per ridurre il rischio di infezioni fungine.

- Non innaffiare eccessivamente le talee; il substrato deve essere solo leggermente umido.

- Posizionare le talee in un ambiente con luce indiretta e buona ventilazione per favorire lo sviluppo delle radici.

Propagazione da seme

La **propagazione da seme** è un metodo più impegnativo ma permette di ottenere una grande quantità di nuove piante e di **sperimentare variazioni genetiche**. Questo metodo è particolarmente utile per cactus e succulente rare, nonché per chi desidera coltivare piante da collezione o riprodurre esemplari difficilmente reperibili in commercio.

Come propagare piante grasse da seme

1. **Raccolta o acquisto dei semi**: I semi possono essere acquistati da rivenditori specializzati o raccolti dalle capsule di fiori maturi. Assicurarsi che i semi siano freschi per migliorare la percentuale di germinazione.

2. **Preparazione del substrato**: Il terreno per la germinazione deve essere **leggero, sterile e ben drenante**. Si consiglia di utilizzare una miscela di torba e sabbia, oppure un terriccio per cactus setacciato.

3. **Semina**:

   - I semi vanno sparsi in superficie, senza coprirli troppo, poiché molti semi di piante grasse hanno bisogno di luce per germinare.

   - Si inumidisce leggermente il substrato con uno spruzzatore d'acqua.

   - Il contenitore deve essere coperto con un foglio di plastica trasparente o un coperchio di vetro per creare un microclima caldo e umido.

4. **Cura delle piantine**: Le piantine

devono essere tenute in un luogo luminoso, ma lontano dalla luce diretta del sole. La germinazione può richiedere **da alcune settimane a diversi mesi**, a seconda della specie. Quando le piante sono abbastanza grandi da essere maneggiate, si possono trapiantare in piccoli vasi individuali.

Sfide della propagazione da seme

- Il processo può essere lento e richiede pazienza.

- I semi di alcune piante grasse sono molto piccoli e difficili da manipolare.

- La gestione dell'umidità è critica: troppa acqua può causare marciume, ma un ambiente troppo secco può bloccare la germinazione.

Divisione e trapianto

La **divisione** è un metodo di riproduzione particolarmente efficace per succulente che formano colonie o cespi, come **Aloe**, **Agave** e **Haworthia**. Durante questo processo, una pianta adulta viene separata in più porzioni, ognuna delle quali possiede radici proprie. La divisione è utile non solo per moltiplicare le piante, ma anche per **ringiovanire esemplari sovraffollati o stressati**.

Come effettuare la divisione

1. **Preparare la pianta**: Prima di dividere una pianta, è consigliabile smettere di annaffiarla per alcuni giorni, in modo che il terreno sia asciutto e le radici siano meno fragili.

2. **Rimuovere la pianta dal vaso**: Con delicatezza, si estrae la pianta e si scuote il terreno in eccesso. Se le radici sono intrecciate, possono essere districate con cura o, se necessario, tagliate.

3. **Separazione**: Utilizzando un coltello affilato o le mani, si divide la pianta madre in più sezioni, ciascuna con una porzione di

radici sana.

4. **Trattamento delle radici**: Le radici danneggiate devono essere rimosse, e i tagli possono essere trattati con polvere di carbone o cannella per prevenire infezioni fungine.

5. **Rinvaso**: Ogni nuova porzione viene piantata in un vaso individuale con un terriccio fresco e ben drenante. Dopo il rinvaso, è consigliabile **non annaffiare per alcuni giorni** per permettere alle radici di adattarsi al nuovo ambiente.

La riproduzione delle piante grasse è un'attività entusiasmante e accessibile a tutti, indipendentemente dal livello di esperienza. La **propagazione per talea** è un metodo veloce e facile, ideale per moltiplicare le piante preferite. La **propagazione da seme**, sebbene più impegnativa, offre la possibilità di coltivare nuove varietà e ottenere piante uniche. Infine, la **divisione** è un ottimo sistema per mantenere le piante sane e rigogliose, oltre che per aumentarne il numero.

Ognuno di questi metodi richiede attenzione e cura, ma con un po' di pratica è possibile ottenere grandi soddisfazioni. Riprodurre le piante grasse non solo arricchisce la propria collezione, ma permette anche di condividere con amici e familiari la bellezza e la semplicità di queste piante straordinarie.

Capitolo 5: Cura e manutenzione delle piante grasse

La cura e la manutenzione delle piante grasse è fondamentale per garantirne la salute, la longevità e la bellezza estetica. Anche se queste piante sono celebri per la loro **resistenza e facilità di gestione**, necessitano comunque di alcune operazioni regolari, come la **potatura**, il **controllo di malattie e parassiti**, e **rinvasi periodici**. In questo capitolo esploreremo ciascuna di queste pratiche nel dettaglio, fornendo consigli e tecniche pratiche per mantenere le piante grasse al meglio delle loro possibilità.

Potatura e modellatura

Quando e perché potare le piante grasse?

La potatura delle piante grasse non è sempre

necessaria, ma può diventare utile in diverse situazioni:

- **Rimuovere parti danneggiate o morte**: Foglie o rami secchi, malati o marciti devono essere eliminati per evitare la diffusione di malattie e per migliorare l'aspetto estetico della pianta.

- **Favorire la crescita e la ramificazione**: Alcune piante grasse, come il **Jade Plant** (Crassula ovata) o il **Cereus**, beneficiano di una potatura per stimolare la crescita di nuovi rami.

- **Contenere le dimensioni**: Alcune specie tendono a crescere molto velocemente o in modo disordinato. La potatura aiuta a mantenere una forma più compatta, soprattutto in vasi piccoli.

- **Ringiovanire piante vecchie**: Le piante adulte o sovraffollate possono beneficiare di una potatura per eliminare parti vecchie e dare spazio a nuove crescite.

Come eseguire una potatura corretta

1. **Strumenti necessari**:

   - Forbici affilate e pulite o un coltello da giardinaggio.

   - Guanti spessi, soprattutto se si maneggiano cactus o piante spinose.

   - Polvere di carbone o cannella (per disinfettare i tagli).

2. **Procedura di potatura**:

   - Individuare le parti da eliminare (foglie appassite, rami troppo lunghi o danneggiati).

   - Tagliare con decisione alla base delle foglie o dei rami, facendo un taglio netto e pulito.

   - Lasciare che le superfici di taglio si asciughino all'aria per alcuni giorni, in modo che si formi il callo (un tessuto che previene le infezioni).

3. **Modellatura delle piante**:

   - Se l'obiettivo è mantenere una forma

particolare (ad esempio, una pianta grassa con una crescita verticale ordinata o una pianta più cespugliosa), si possono potare le estremità dei rami per stimolare la ramificazione laterale.

- Nel caso di piante cadenti, come le **Sedum**, è possibile tagliare le porzioni troppo lunghe e utilizzarle come talee per nuove piante.

Controllo delle malattie e dei parassiti

Sebbene le piante grasse siano resistenti e raramente soffrano di problemi gravi, non sono immuni a **malattie fungine, marciumi** e **attacchi di parassiti**. Un controllo regolare è essenziale per rilevare e gestire eventuali problemi prima che si diffondano.

Malattie comuni delle piante grasse

1. **Marciume radicale e del colletto**:

- **Cause**: Eccesso di acqua e drenaggio insufficiente.

- **Sintomi**: Ingiallimento delle foglie, piante flosce e base del fusto molle.

- **Rimedi**: Rimuovere la pianta dal vaso, eliminare le radici marce e lasciarla asciugare. Rinvasare in un substrato ben drenante e ridurre le annaffiature.

2. **Muffa e funghi**:

   - **Cause**: Elevata umidità o ventilazione insufficiente.

   - **Sintomi**: Comparsa di macchie scure o biancastre su foglie e fusti.

   - **Rimedi**: Applicare un fungicida e migliorare la circolazione dell'aria attorno alla pianta.

3. **Macchie sulle foglie**:

   - **Cause**: Esposizione a luce eccessiva o carenze di nutrienti.

- **Sintomi**: Macchie marroni o gialle sulla superficie delle foglie.

- **Rimedi**: Spostare la pianta in una zona con meno luce diretta e controllare l'alimentazione.

Parassiti comuni

1. **Cocciniglie**: Piccoli insetti bianchi che si nutrono della linfa della pianta, lasciando una sostanza biancastra e cotonosa.

- **Rimedi**: Rimuovere manualmente con un batuffolo di cotone imbevuto di alcol. In caso di infestazione grave, utilizzare un insetticida sistemico.

2. **Afidi**: Insetti verdi o neri che attaccano le parti giovani della pianta e possono causare deformazioni.

- **Rimedi**: Spruzzare acqua saponata o utilizzare olio di neem.

3. **Acari**: Spesso invisibili a occhio nudo,

provocano ingiallimento e caduta delle foglie.

- **Rimedi**: Aumentare l'umidità e trattare con acaricidi specifici.

Prevenzione delle malattie e dei parassiti

- **Evitare ristagni d'acqua**: Un buon drenaggio è fondamentale per prevenire il marciume.

- **Ispezionare regolarmente le piante**: Controllare foglie e radici per individuare segni di infestazioni o malattie.

- **Isolare le nuove piante**: Le nuove piante devono essere tenute in quarantena per alcune settimane, per evitare di introdurre parassiti nel giardino o nella collezione domestica.

Tecniche di rinvaso

Il **rinvaso** delle piante grasse è una

pratica essenziale per garantire che abbiano spazio sufficiente per crescere e un substrato fresco e ricco di nutrienti. A differenza di altre piante, le grasse non necessitano di essere rinvasate frequentemente, ma è consigliabile farlo **ogni 2-3 anni**.

Quando rinvasare?

- Quando le radici hanno occupato completamente il vaso e la pianta appare **soffocata**.

- Se il substrato è diventato **compattato** e non drena più bene l'acqua.

- In caso di problemi di **marciume** o malattie.

- Dopo l'acquisto di una nuova pianta, per assicurarci che il substrato sia adatto.

Come rinvasare correttamente

1. **Preparare il nuovo vaso**: Assicurarsi che il vaso abbia fori di drenaggio e utilizzare un substrato specifico per cactus e succulente.

2. **Rimuovere la pianta dal vecchio vaso**: Estrarre con delicatezza la pianta, cercando di non danneggiare le radici. Se necessario, battere leggermente il vaso per allentare il substrato.

3. **Controllare e pulire le radici**: Tagliare le radici marce o danneggiate con forbici pulite e lasciare asciugare la pianta per alcune ore.

4. **Posizionare la pianta nel nuovo vaso**: Collocare uno strato di ghiaia o argilla espansa sul fondo del vaso per migliorare il drenaggio, poi aggiungere il nuovo substrato.

5. **Non annaffiare subito**: Dopo il rinvaso, è consigliabile aspettare **3-5 giorni** prima di innaffiare, per permettere alla pianta di adattarsi al nuovo ambiente.

Errori comuni durante il rinvaso

- **Sottovalutare l'importanza del drenaggio**: L'acqua stagnante è il nemico principale delle piante grasse.

- **Annaffiare immediatamente dopo il rinvaso**: Questo può causare marciume delle radici.

- **Usare un vaso troppo grande**: I vasi eccessivamente grandi trattengono troppa umidità e aumentano il rischio di marciume.

La cura e la manutenzione delle piante grasse richiedono una serie di pratiche specifiche, ma non troppo complicate. La **potatura** aiuta a mantenere le piante in salute e a modellarle secondo le preferenze estetiche, mentre il **controllo di malattie e parassiti** assicura che rimangano rigogliose e resistenti. Il **rinvaso periodico** è essenziale per garantire alle piante lo spazio necessario per crescere e un substrato sempre fresco e drenante.

Capitolo 6: Piante grasse in casa e in giardino

Le **piante grasse** sono una scelta ideale sia per l'arredamento degli interni che per la progettazione di giardini esterni. Grazie alla loro straordinaria varietà di forme, colori e dimensioni, possono essere utilizzate per creare **giardini tematici**, decorare **appartamenti** o essere abbinate ad altre piante per composizioni uniche. In questo capitolo vedremo come progettare un giardino di piante grasse, quali specie sono ideali per l'interno e come combinare le piante grasse con altre specie per ottenere **soluzioni estetiche e funzionali**.

Creare un giardino di piante grasse

Progettare un **giardino di piante grasse** può trasformare uno spazio esterno in un angolo suggestivo e poco impegnativo da mantenere. Le piante grasse sono particolarmente adatte a **giardini rocciosi**,

aiuole minimaliste o **giardini secchi**, grazie alla loro capacità di sopravvivere in condizioni di scarsa acqua e terreni poveri.

1. Pianificazione del giardino

La prima fase consiste nel decidere il **tipo di giardino** che si vuole creare e nella selezione delle piante più adatte al clima della zona. È importante tenere conto di alcuni fattori chiave:

- **Esposizione solare**: La maggior parte delle piante grasse ama il sole diretto, ma alcune specie tollerano meglio l'ombra parziale.

- **Clima locale**: Alcune piante grasse, come l'**Agave** o il **Cactus del genere Echinocactus**, tollerano bene il freddo, mentre altre, come l'**Aloe vera**, preferiscono climi più miti.

- **Spazio disponibile**: Se lo spazio è limitato, si può optare per un **giardino verticale** o contenitori modulari. Per ampi spazi aperti, si può realizzare un **giardino roccioso** o un'aiuola di piante xerofile.

2. Preparazione del terreno

Il terreno gioca un ruolo fondamentale nella salute delle piante grasse. È essenziale che il substrato sia:

- **Ben drenante**: Il terreno deve evitare il ristagno d'acqua, che può causare marciume radicale. Una buona miscela include terra sabbiosa, pietrisco o pomice.

- **Povero di nutrienti**: Le piante grasse crescono meglio in terreni con una modesta quantità di sostanze organiche. È possibile aggiungere piccole quantità di compost, ma senza eccedere.

3. Composizione e disposizione delle piante

Per ottenere un giardino equilibrato ed esteticamente gradevole, è utile alternare:

- **Piante di diverse altezze e forme**: Ad esempio, combinare cactus verticali come il **Cereus** con rosette più basse come l'**Echeveria**.

- **Specie con colori differenti**: Molte

succulente hanno foglie di colori variegati, come l'**Aeonium** o alcune varietà di **Kalanchoe**.

- **Elementi decorativi**: È possibile aggiungere **pietre decorative, ciottoli o tronchi** per dare un tocco naturale al giardino.

4. Irrigazione e manutenzione del giardino esterno

Sebbene le piante grasse siano resistenti alla siccità, necessitano comunque di acqua durante i periodi più caldi. L'irrigazione deve essere:

- **Moderata ma profonda**, per stimolare le radici a cercare l'acqua in profondità.

- **Ridotta o sospesa durante l'inverno**, quando la maggior parte delle piante grasse entra in riposo vegetativo.

Piante grasse da appartamento

Le piante grasse sono perfette anche per **decorare gli interni**, grazie alla loro

eleganza minimalista e alla capacità di adattarsi a spazi ridotti. Alcune specie richiedono poca luce e possono prosperare anche lontano da finestre, rendendole ideali per **uffici** e ambienti domestici.

1. Le migliori piante grasse da appartamento

1. **Sansevieria (Lingua di suocera)**

   - Ideale per ambienti con poca luce.

   - Ha foglie lunghe e verticali, spesso con striature decorative.

2. **Aloe vera**

   - Oltre a essere decorativa, ha proprietà curative.

   - Richiede una buona esposizione luminosa e annaffiature sporadiche.

3. **Crassula ovata (Albero di giada)**

   - Simbolo di prosperità, è facile da coltivare.

- Preferisce la luce indiretta e richiede poca acqua.

4. **Echeveria**

   - Questa succulenta forma rosette perfette e colorate.

   - Richiede molta luce, ma può adattarsi anche a finestre parzialmente ombreggiate.

5. **Haworthia**

   - Ideale per spazi piccoli grazie alle sue dimensioni ridotte.

   - Tollera l'ombra e necessita di poca manutenzione.

2. Cura delle piante grasse in casa

- **Posizione**: Le piante grasse da appartamento devono essere posizionate in zone luminose, come davanzali o vicine a finestre orientate a sud o ovest.

- **Irrigazione**: L'acqua deve essere fornita

solo quando il substrato è completamente asciutto. Una sovrabbondanza d'acqua è la causa principale di marciume.

- **Contenitori adatti**: Scegliere vasi con fori di drenaggio per evitare ristagni. I **vasi in terracotta** sono particolarmente indicati perché permettono al terreno di asciugarsi più rapidamente.

Combinazioni con altre piante

Le piante grasse possono essere **combinabili con altre specie** per creare composizioni particolari e arricchire l'arredamento o il giardino. La scelta delle combinazioni dipende dal tipo di effetto desiderato e dalle esigenze di cura delle piante.

1. Composizioni miste in giardino

Le piante grasse si abbinano bene con altre piante xerofile, come:

- **Graminacee ornamentali**: Specie come

la **Festuca glauca** o il **Pennisetum** aggiungono movimento e contrasto con le forme statiche delle succulente.

- **Lavanda e rosmarino**: Queste piante aromatiche condividono esigenze simili e si combinano armoniosamente

Capitolo 7: Problemi comuni e soluzioni nelle piante grasse

Le piante grasse, grazie alla loro resilienza e alla capacità di adattarsi a diverse condizioni ambientali, sono diventate una scelta popolare sia per i giardinieri esperti che per i principianti. Tuttavia, anche le piante grasse possono affrontare problemi di salute che, se non affrontati in tempo, possono compromettere la loro bellezza e vitalità. In questo capitolo, esamineremo alcuni dei problemi più comuni che possono insorgere con le piante grasse e forniremo soluzioni pratiche per affrontarli.

Foglie ingiallite o molli

Uno dei segnali più evidenti che una pianta grassa non sta prosperando è il cambiamento nel colore o nella consistenza delle sue foglie. Le foglie ingiallite o molli possono essere sintomi di diversi problemi, e comprenderne le cause è fondamentale per intervenire efficacemente.

Cause delle foglie ingiallite

1. **Eccesso di acqua**: Le piante grasse sono adattate a condizioni aride e un eccesso di umidità può portare a marciume radicale, causando ingiallimento.

   - **Soluzione**: Controllare il terreno; se è bagnato e le radici sono marce, rimuovere la pianta dal vaso e tagliare le radici danneggiate. Rinvasa in un substrato ben drenante e non annaffiare per alcuni giorni.

2. **Scarsa luce**: Una carenza di luce può portare all'ingiallimento delle foglie, poiché la pianta non è in grado di effettuare correttamente la fotosintesi.

   - **Soluzione**: Spostare la pianta in una posizione più luminosa, preferibilmente in un luogo con luce indiretta abbondante. Le piante grasse beneficiano di almeno 6 ore di luce al giorno.

3. **Nutrienti insufficienti**: La mancanza di nutrienti, in particolare di azoto, può causare ingiallimento.

   - **Soluzione**: Applicare un fertilizzante bilanciato specifico per piante grasse, seguendo le indicazioni del produttore. È consigliabile fertilizzare durante la stagione di crescita (primavera e estate).

4. **Malattie fungine**: Infezioni fungine possono provocare ingiallimento delle foglie, spesso accompagnato da macchie scure.

   - **Soluzione**: Rimuovere le foglie infette e trattare la pianta con un fungicida appropriato. Migliorare la ventilazione e ridurre l'umidità.

Cause delle foglie molli

1. **Eccesso di irrigazione**: Le foglie molli e flosce sono spesso un segno di marciume radicale causato da eccesso d'acqua.

   - **Soluzione**: Seguire le indicazioni precedenti per l'eccesso di acqua.

2. **Temperature elevate**: Temperature estreme possono danneggiare la pianta, rendendo le foglie molli.

   - **Soluzione**: Assicurarsi che la pianta sia in un ambiente temperato, lontano da fonti di calore diretto.

3. **Stress da trapianto**: Le piante appena rinvasate possono mostrare segni di stress, comprese foglie molli.

   - **Soluzione**: Fornire alle piante un periodo di adattamento e evitare di annaffiarle immediatamente dopo il rinvaso.

Crescita stentata

Una crescita lenta o stentata è un altro problema comune nelle piante grasse. Questo può manifestarsi in piante che sembrano ferme, senza mostrare segni di crescita significativa, o che faticano a produrre nuove foglie e rami.

Cause della crescita stentata

1. **Illuminazione insufficiente**: Come per le foglie ingiallite, la mancanza di luce può influenzare negativamente la crescita della pianta.

   - **Soluzione**: Garantire che la pianta riceva luce adeguata e, se necessario, integrare con luci artificiali da coltivazione.

2. **Terreno povero**: Un substrato inadeguato o esausto può limitare l'assorbimento di nutrienti.

   - **Soluzione**: Rinvasa la pianta in un terriccio fresco e specifico per cactus e succulente, arricchito con materiali drenanti.

3. **Eccesso o mancanza di fertilizzanti**: Un'errata fertilizzazione può ostacolare la crescita.

   - **Soluzione**: Seguire un programma di fertilizzazione equilibrato, evitando sia l'eccesso che la carenza.

4. **Temperatura inadeguata**: Le piante grasse prosperano in condizioni di calore moderato. Temperature troppo basse o troppo alte possono rallentare la crescita.

   - **Soluzione**: Monitorare le temperature e mantenere le piante in un intervallo di temperatura ideale, generalmente tra i 20 e i 30 gradi Celsius.

5. **Parassiti o malattie**: Infestazioni o malattie possono stressare la pianta e limitarne la crescita.

   - **Soluzione**: Ispezionare regolarmente la pianta e trattare tempestivamente eventuali infestazioni.

Infestazioni da parassiti

Le piante grasse possono essere attaccate da vari parassiti, che possono compromettere la loro salute e il loro aspetto. Riconoscere i segni di infestazione e intervenire rapidamente è essenziale per prevenire danni gravi.

Parassiti comuni delle piante grasse

1. **Cocciniglie**: Insetti di piccole dimensioni, spesso ricoperti da una sostanza cerosa bianca, che si nutrono della linfa della pianta.

   - **Sintomi**: Foglie ingiallite, appiccicosità sulla superficie della pianta e apparizione di muffa.

   - **Soluzione**: Rimuovere manualmente le cocciniglie con un batuffolo di cotone imbevuto di alcol. Se l'infestazione è grave, utilizzare un insetticida sistemico.

2. **Afidi**: Piccoli insetti verdi o neri che si nutrono delle nuove foglie e dei germogli.

   - **Sintomi**: Crescita stentata e deformità delle foglie.

   - **Soluzione**: Spruzzare la pianta con una soluzione di acqua e sapone o utilizzare un insetticida naturale a base di olio di neem.

3. **Acari**: Microscopici e difficili da vedere, questi parassiti possono causare

ingiallimento e caduta delle foglie.

   - **Sintomi**: Macchie gialle sulle foglie e apparizione di ragnatele sottili.

   - **Soluzione**: Aumentare l'umidità dell'aria e trattare con acaricidi specifici.

4. **Tripidi**: Piccoli insetti che possono provocare danni alle foglie e ai fiori, lasciando macchie argentate.

   - **Sintomi**: Foglie deformate e fiori non ben sviluppati.

   - **Soluzione**: Utilizzare insetticidi specifici o insetticidi naturali come l'olio di neem.

Prevenzione delle infestazioni

- **Controllo regolare**: Ispezionare frequentemente le piante per segni di infestazioni.

- **Pulizia delle piante**: Pulire le foglie con un panno umido per rimuovere polvere e possibili uova di parassiti.

- **Condizioni ottimali**: Mantenere le piante in condizioni di crescita ideali per ridurre lo stress, che le rende più vulnerabili agli attacchi.

Le piante grasse possono essere piante straordinarie e resilienti, ma non sono esenti da problemi. La gestione di foglie ingiallite o molli, crescita stentata e infestazioni da parassiti richiede un'osservazione attenta e interventi tempestivi. Comprendere le cause di questi problemi è fondamentale per garantire la salute e la bellezza delle piante grasse. Con una cura adeguata e una manutenzione regolare, è possibile godere a lungo della compagnia di queste piante affascinanti e versatili, trasformando ogni ambiente in un angolo di verde vibrante e sano.

Glossario

A

- **Agave**: Genere di piante succulente, spesso caratterizzate da foglie spesse e flesse con spine ai margini. Alcune specie producono fiori spettacolari.

- **Aloe**: Genere di piante succulente, noto per le sue foglie carnose e gelatinosi, spesso utilizzato in medicina e cosmetica.

- **Anacampseros**: Genere di piante succulente a crescita bassa, con foglie succulente e fiori colorati. Adatte per terrari e giardini rocciosi.

B

- **Bromelia**: Anche se non è una pianta grassa in senso stretto, molte bromelie hanno foglie succulente e possono essere coltivate in ambienti umidi.

C

- **Cactus**: Pianta appartenente alla famiglia Cactaceae, caratterizzata da fusti succulenti e spine. I cactus possono crescere in varie forme e dimensioni.

- **Cladodi**: Segmenti appiattiti e fotosintetici di un cactus o di una pianta grassa che svolgono la funzione di foglie.

- **Crassula**: Genere di piante succulente che comprende molte specie popolari, come la Crassula ovata (albero di giada).

D

- **Determinazione della temperatura**: Il range di temperature ottimali per la crescita delle piante grasse.

- **Drenaggio**: Capacità del terreno di far

defluire l'acqua, essenziale per evitare ristagni e marciume radicale nelle piante grasse.

E

- **Echeveria**: Genere di piante succulente caratterizzate da rosette di foglie carnose e colorate. Molto popolari come piante ornamentali.

- **Epifita**: Pianta che cresce su un'altra pianta senza trarne nutrimento. Alcuni cactus, come le specie del genere Epiphyllum, sono epifiti.

F

- **Fertilizzante**: Sostanza usata per fornire nutrienti alle piante, fondamentale per la crescita e la salute delle piante grasse.

- **Foglia succulenta**: Foglia spessa e

carnosa che funge da riserva di acqua per la pianta.

G

- **Gardenia**: Anche se non è una pianta grassa, viene spesso menzionata in contesti di giardinaggio, in particolare per la sua bellezza e il profumo dei suoi fiori.

H

- **Haworthia**: Genere di piante succulente, spesso piccole e caratterizzate da foglie rosette che presentano striature e punteggiature.

I

- **Irrigazione**: Processo di somministrazione dell'acqua alle piante. Nelle piante grasse, l'irrigazione deve essere moderata per prevenire il marciume radicale.

L

- **Lithops**: Genere di piante grasse noto come "pietre vive", che assomigliano a piccole pietre e sono adattate a climi aridi.

M

- **Malattie fungine**: Infezioni causate da funghi che possono danneggiare le piante grasse, spesso manifestandosi con macchie sulle foglie o marciume.

N

- **Nutrienti essenziali**: Elementi chimici necessari per la crescita delle piante, come azoto, fosforo e potassio.

O

- **Operculum**: Coperchio che chiude un bocciolo o un fiore di alcune piante grasse, come i cactus.

P

- **Parassiti**: Organismi che si nutrono della linfa delle piante, come cocciniglie e afidi, che possono danneggiare gravemente le piante grasse.

- **Piante succulente**: Termine generico che comprende tutte le piante con tessuti carnosi e riserve d'acqua, comprese le piante della famiglia Cactaceae.

R

- **Rinvaso**: Processo di trasferimento di una pianta in un nuovo contenitore con terriccio fresco, utile per fornire spazio e nutrienti.

S

- **Succulenta**: Pianta che immagazzina acqua nelle sue foglie, steli o radici per resistere a periodi di siccità.

- **Sabbia**: Materiale da utilizzare in

miscele di terriccio per migliorare il drenaggio delle piante grasse.

T

- **Terriccio per cactus e succulente**: Miscela di terreno specifica progettata per fornire un drenaggio adeguato e sostegno alle piante grasse.

- **Temperatura ottimale**: Range di temperature in cui le piante grasse prosperano, generalmente tra i 20 e i 30 gradi Celsius durante la stagione di crescita.

U

- **Umidità**: Livello di umidità nell'aria. Le piante grasse generalmente preferiscono un ambiente asciutto, ma alcune specie possono tollerare un'umidità moderata.

V

- **Varietà**: Sottogruppo di specie di piante che presentano differenze morfologiche o fenotipiche. Ad esempio, esistono molte varietà di Echeveria.

Z

- **Zea mays**: Sebbene non sia una pianta grassa, il mais è spesso utilizzato come pianta di copertura nei giardini per prevenire l'erosione del suolo.

Indice

Introduzione pg.4

Capitolo 1: Tipologie di piante grasse pg.10

Capitolo 2: Fondamenti di coltivazione delle piante grasse pg.15

Capitolo 3: Nutrizione delle piante grasse pg.24

Capitolo 4: Riproduzione delle piante grasse pg.34

Capitolo 5: Cura e manutenzione delle piante grasse pg.43

Capitolo 6: Piante grasse in casa e in giardino pg.53

Capitolo 7: Problemi comuni e soluzioni nelle piante grasse pg.61

Glossario pg.70

www.ingramcontent.com/pod-product-compliance
Lightning Source LLC
Chambersburg PA
CBHW070357230526
45471CB00006B/2617